U0114232

平面广告·C1

鲁迅美术学院
美术教育教程

LUXUNMEISHUXUEYUAN
MEISHUJIAOYUJIAOCHENG

黑龙江美术出版社

WO MEN RE AI HE PIN · QI DAI ZHE MEI HAO XING FU DE SHI KE
世界需要和平

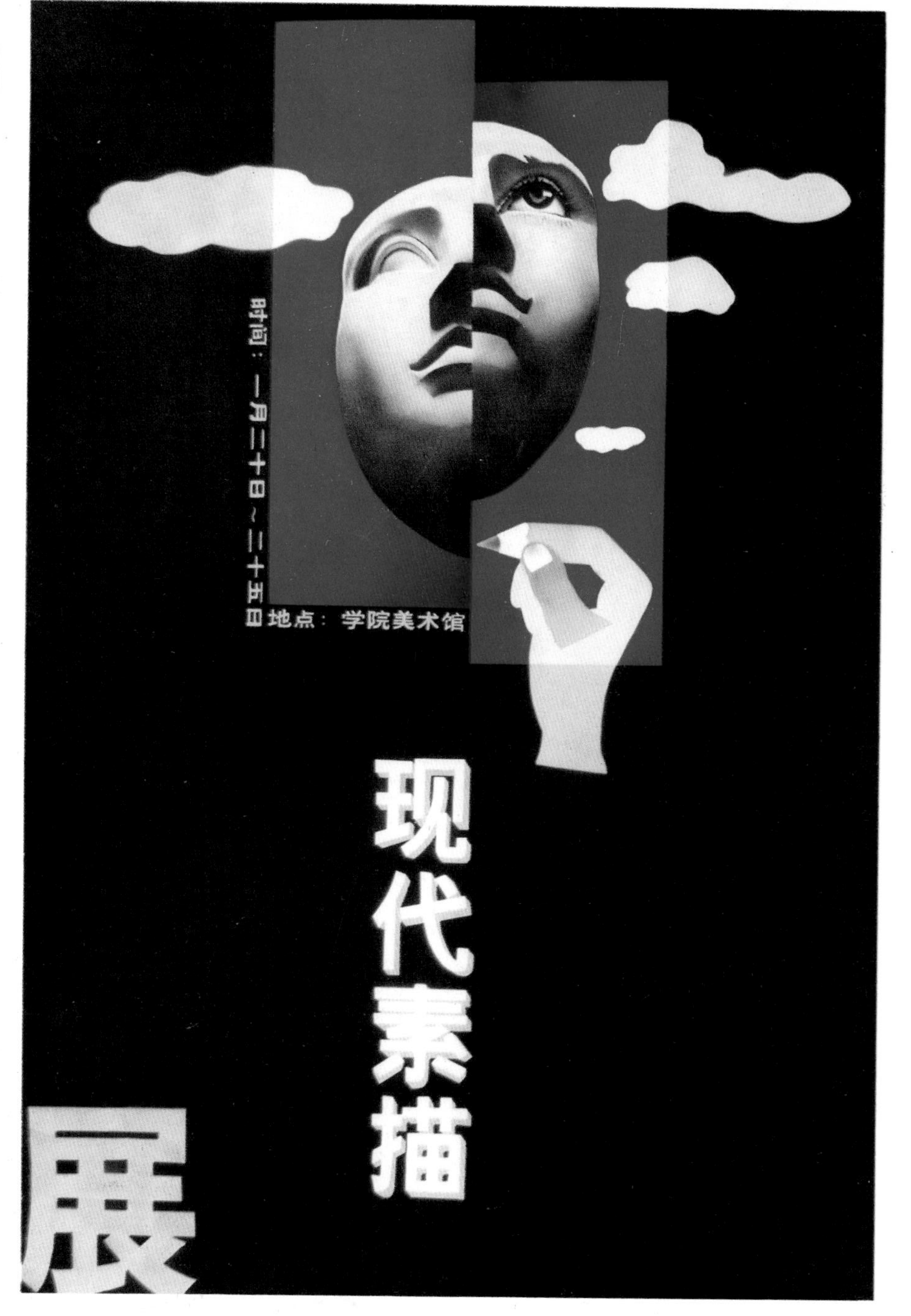
时间：一月二十日～二十五日
地点：学院美术馆
现代素描
展

“献给您温馨的祝福”，这一高雅亲切的广告语，准确表述、传达了所要宣传的内容，广告中形象、文字的组合及表现形式都是比较成功的，红颜色的地子，白色的汉字，一目了然，明快大方，花与色带的虚实处理，把你带人花香怡人的世界。

点评：黄亚奇

1994 10.19 FZH